BEI GRIN MACHT SICH IHR WISSEN BEZAHLT

- Wir veröffentlichen Ihre Hausarbeit,
  Bachelor- und Masterarbeit

- Ihr eigenes eBook und Buch -
  weltweit in allen wichtigen Shops

- Verdienen Sie an jedem Verkauf

Jetzt bei www.GRIN.com hochladen und kostenlos publizieren

Lisa Müller

Erarbeitung unterschiedlicher Anpassungsstrategien von Tieren an extrem kalte Lebensräume

Warum braucht der Eisbär keine Mütze?

GRIN Verlag

Bibliografische Information der Deutschen Nationalbibliothek:

Die Deutsche Bibliothek verzeichnet diese Publikation in der Deutschen National-
bibliografie; detaillierte bibliografische Daten sind im Internet über http://dnb.d-
nb.de/ abrufbar.

Impressum:

Copyright © 2014 GRIN Verlag GmbH
Druck und Bindung: Books on Demand GmbH, Norderstedt Germany
ISBN: 978-3-656-94062-3

Dieses Buch bei GRIN:

http://www.grin.com/de/e-book/295830/erarbeitung-unterschiedlicher-anpassungs-
strategien-von-tieren-an-extrem

GRIN - Your knowledge has value

Der GRIN Verlag publiziert seit 1998 wissenschaftliche Arbeiten von Studenten, Hochschullehrern und anderen Akademikern als eBook und gedrucktes Buch. Die Verlagswebsite www.grin.com ist die ideale Plattform zur Veröffentlichung von Hausarbeiten, Abschlussarbeiten, wissenschaftlichen Aufsätzen, Dissertationen und Fachbüchern.

Besuchen Sie uns im Internet:

http://www.grin.com/

http://www.facebook.com/grincom

http://www.twitter.com/grin_com

Schriftliche Planung

für den fünften Unterrichtsbesuch im Fach Biologie

Thema der Unterrichtsstunde:

Warum braucht der Eisbär keine Mütze? – Erarbeitung unterschiedlicher Anpassungsstrategien von Tieren an extrem kalte Lebensräume

Inhaltsverzeichnis:

1. **Darstellung der längerfristigen Unterrichtszusammenhänge**
1.1 Thema der Unterrichtsreihe
1.2 Einbettung der Stunde in den Reihenkontext
1.3 Analyse der Lerngruppe
1.4 Relevanzanalyse

2. **Planungsentscheidungen zur Unterrichtsstunde**
2.1 Sachanalyse
2.2 Lernziele/Kompetenzen
2.3 Didaktisch-methodische Überlegungen
2.4 Geplanter Unterrichtsverlauf

3. **Literaturverzeichnis**

4. **Anhang**
4.1 Einstiegsfolie
4.2 Arbeitsblätter
4.3 Vortragsfolien
4.4 antizipiertes Tafelbild

1. Darstellung der längerfristigen Unterrichtszusammenhänge

1.1 Thema der Unterrichtsreihe

Sinnesspezialisten, Thermo-Trickser und Co. - Anpassungen von Tieren an ihren Lebensraum

1.2 Einbettung der Stunde in den Reihenkontext

Thema der Stunde	Inhaltlicher bzw. didaktisch-methodischer Kommentar
1. Maulwurf, Fledermaus, Igel und Schnecke – heimische Tiere und ihre Anpassungen an ihren Lebensraum	- SuS erarbeiten gruppenteilig die speziellen körperlichen Anpassungen ausgewählter Tiere und präsentieren diese mit Hilfe von Plakaten.
2. Die Fledermaus und ihr Echolotsystem/homologe Organe	- Vertiefung des Echolotsystems der Fledermaus - Besprechung homologer Organe unterschiedlicher Lebewesen und ihrer speziellen Anpassungen.
3. Überwinterung heimischer Tiere I – Winterruhe, Winterschlaf und der Vogelzug	- SuS erarbeiten die unterschiedlichen Überwinterungsstrategien heimischer Tiere und stellen diese gegenüber.
4. Überwinterung heimischer Tiere II – Die Kältestarre bei Amphibien und Reptilien	- der Unterschied zwischen wechselwarmen und gleichwarmen Tieren sowie deren Überwinterung wird wiederholt bzw. vertieft. Der Begriff der Kältestarre wird erarbeitet.
5. Weshalb hat der Fennek so große Ohren? – Tiere im Lebensraum Wüste und ihre körperlichen Anpassungen	- SuS untersuchen die körperlichen Anpassungen von Tieren, die in einem heißen Lebensraum leben und erklären diese.
6. Warum braucht der Eisbär keine Mütze? – Erarbeitung unterschiedlicher Anpassungsstrategien von Tieren an extrem kalte Lebensräume	*- gruppenteilige Erarbeitung unterschiedlicher körperlicher Anpassungen an extrem kalte Lebensräume sowie anschließende Präsentation und Zusammenfassung der Ergebnisse.*

1.3 Analyse der Lerngruppe
- Aus urheberrechtlichen Gründen entfernt. –

1.4 Relevanzanalyse

Der Kernlehrplan Biologie für die Sekundarstufe I am Gymnasium des Landes Nordrhein-Westfalen sieht im Inhaltsfeld „Vielfalt von Lebewesen" in der Unterstufe die Behandlung

der Angepasstheit von Tieren an verschiedene Lebensräume vor (Siehe Kernlehrplan S. 36).[1]
Im Rahmen des Basiskonzepts „Entwicklung" sollen hier Organismen im Wechsel der
Jahreszeiten und ihre Angepasstheit beschrieben und erklärt werden (Ebd. S. 30). Darüber
hinaus ist im hausinternen Schulcurriculum für die Jahrgangsstufe 6 ebenfalls die Behandlung
der Anpassungen der Tiere an ihre Lebensräume vorgesehen.

2. Planungsentscheidungen zur Unterrichtsstunde

2.1 Sachanalyse

Die Angepasstheit von Tieren an ihren Lebensraum zeigt sich nirgends so deutlich wie in
extrem kalten oder heißen Gebieten. Hier haben sich wahre Spezialisten im Umgang mit
extremen Temperaturen entwickelt. Exemplarisch werden in der Stunde vier Vertreter kalter
Lebensräume untersucht. Der Eisbär steht mit seinem prächtigen Erscheinungsbild als Symbol
für den Klimaschutz, da er wie kein anderes Tier auf das Eis in der Polarregion angewiesen
ist. Durch sein weißes Fell ist er perfekt auf die Jagd im Schnee angepasst. Sein Fell ist
außerdem besonders dicht und wärmend, da hohle Haare die Wärme perfekt an die schwarze
Haut weitergeben. Die dunkle Färbung der Haut dient der Wärmeaufnahme und auch die
darunter liegende Fettschicht ist ein guter Schutz vor der Kälte an Land oder auch im Wasser.
Ein dichteres Fell besitzt nur noch der Polarfuchs, der durch seine dicke Unterwolle
Temperaturen von bis zu -80 Grad Celsius überstehen könnte. Er wechselt die Farbe seines
Fells im Laufe der Jahreszeiten, sodass er gut an das Leben in der Tundra angepasst und stets
perfekt getarnt ist. An ihm kann die Allensche Regel sehr gut verdeutlicht werden, denn im
Gegensatz zu seinen Verwandten in Europa oder Afrika besitzt er sehr kurze Körperanhänge
(Schwanz, Ohren etc.). Dies schützt ihn davor zu viel Wärme zu verlieren und vor dem
Erfrieren dieser. Ein weiterer Vertreter kalter Lebensräume ist der Kaiserpinguin, welcher der
größte aller Pinguine ist und in der Antarktis lebt. Die Vögel schützen sich nicht nur dadurch
vor der Kälte, dass sie meist in großen Gruppen zusammen sitzen. Auch ihr Körper ist stark
an die Bedingungen im Eis angepasst. So besitzen sie ein dichtes Gefieder, welches sie mit
einem öligen Sekret benetzen. Dies macht es besonders wasserabweisend. Auch die Füße sind
gut an den kalten Boden angepasst. Sie sind immer kalt. Füße mit Körpertemperatur würden
das Eis unter ihnen anschmelzen. Außerdem würden sie sonst so viel Wärme an den eiskalten

---

[1] Ministerium für Schule und Weiterbildung des Landes Nordrhein-Westfalen: Kernlehrplan
für die Sekundarstufe I Gymnasium/Gesamtschule in Nordrhein-Westfalen. Biologie.
Ritterbach Verlag. 2013.

Untergrund verlieren, dass sie vermutlich erfrieren müssten. Mit dem so genannten Gegenstrom-Prinzip können sie diesen Körperwärmeverlust vermeiden. Aus dem Körperinneren kommendes, warmes in die Füße strömendes Blut gibt seine Wärme vorher an parallel dazu verlaufende aufsteigende, kalte Venen ab und heizt diese wieder auf, bevor sie das Körperinnere erreichen. Dank dieses Wärmeaustausches brauchen Pinguine weniger Energie zur Aufrechterhaltung der Körpertemperatur. Sie müssen weniger jagen und kommen mit weniger Nahrung aus. Nicht alle Tiere leben das ganze Jahr über an einem kalten oder warmen Ort. Einige unter ihnen reisen auch von einem zum anderen Lebensraum und müssen dabei starke Temperaturschwankungen überstehen. So auch die größten Meeressäuger, die Wale. Um sich eine dicke Fettschicht anzufressen, ziehen sie in die Polarregionen, zur Paarungszeit schwimmen sie wieder in wärmere Gewässer, da sie dort auch ihr Junges leichter aufziehen können. Die Wale haben dazu einen ausgeklügelten Temperaturregulationsmechanismus entwickelt, der diesen Schwankungen gewachsen ist. Sind sie in kalten Regionen unterwegs, wird die äußerste Haut nur wenig durchblutet, damit nicht zu viel Wärme verloren geht. In warmen Gebieten durchbluten sie verstärkt ihre Außenhaut, um nicht zu überhitzen.

2.2 Lernziele/Kompetenzen

Hauptlernziel:
Die Schülerinnen und Schüler wissen um unterschiedliche Anpassungen von Tieren an extrem kalte Lebensräume und können diese erklären.

Teillernziele:
Die Schülerinnen und Schüler...

- stellen Vermutungen darüber auf, weshalb der Eisbär keine Mütze braucht.

- verbessern ihre rezeptiven Fähigkeiten, indem sie einen Fachtext intensiv und konzentriert erarbeiten .

- schulen ihre kommunikativen und sozialen Kompetenzen, indem sie in der Gruppe einen Vortrag vorbereiten und diesen anschließend vor ihren Klassenkameraden halten.

- erkennen, dass Tiere sich ihrer Umgebung und den Verhältnissen angepasst haben, um in kalten Lebensräumen zu bestehen und erklären und begründen diese Anpassungen.

2.3 Didaktisch-methodische Überlegungen

Der Einstieg wurde so gewählt, dass er für die SuS sehr motivierend sein wird. Die Jungen und Mädchen zeigten in den letzten Wochen, dass sie Themen rund um die Tierwelt sehr mögen und solch besondere Tiere wie der Eisbär werden daher auf ein großes Interesse in dieser Klasse stoßen. Außerdem wird das Bild des Bären verfremdet, indem ihm eine Mütze aufgesetzt wurde, was zunächst zu einer leichten Irritation führen wird. Dies weckt ebenfalls das Interesse der Lernenden. Da die Schülerinnen und Schüler sich bereits in der ersten Stunde mit Anpassungen der Tiere an bestimmte Temperaturen beschäftigten, ist zu erwarten, dass sie relativ schnell darauf kommen, dass es auch in der zweiten Stunde um dieses Thema geht, allerdings um die andere Extreme, die Kälte. Die Fragestellung der Stunde soll im Folgenden an die Tafel geschrieben werden, sodass sie während der ganzen Stunde präsent ist und im Verlauf schließlich geklärt werden kann.

Die anschließende Gruppenarbeit thematisiert vier Tiere, die exemplarisch für die zahlreichen Lebewesen in kalten Lebensräumen ausgewählt wurden. Um den Voraussetzungen der Lerngruppe gerecht zu werden, wurden die Fachtexte so aufgebaut, dass sie nur die wesentlichen Inhalte der Stunde beschreiben. Eine umfassendere Beschreibung der Tierarten würde an dieser Stelle zu weit gehen. Auch Fachbegriffe wie die Allensche oder die Bergmannsche Regel wurden noch nicht verwendet, da diese speziell in der Reihe Ökologie in der Oberstufe thematisiert werden.

In der Erarbeitungsphase werden je drei (bzw. einmal vier) Kinder zusammenarbeiten. Somit wird jedes Thema zweimal vergeben, auch wenn je nur eine Gruppe präsentieren wird. Für diese Variante habe ich mich entschieden, da das Arbeiten in kleineren Gruppen sich in den letzten Stunden als effektiver herausgestellt hat und eine Gruppengröße von sechs Personen zu sehr zu Ablenkungen und dem Anstieg der Lautstärke in der Klasse führen kann. Die Vergabe von mehr Themen hätte wiederum nicht nur das Zeitlimit überschritten, sondern auch die Stunde unübersichtlich werden lassen. Die zweite Gruppe, die nicht vortragen wird, kann jeweils ergänzend zur Seite stehen.

Da die Kinder häufig unterschiedlich schnell arbeiten, wurde ein zusätzlicher Handzettel vorbereitet, der im Rahmen der Binnendifferenzierung weitere Arbeitsaufträge bereithält. Sobald eine Gruppe mit der Vorbereitung fertig ist, kann sie sich diesen nehmen.

Um die Anpassungen der Tiere im Anschluss vergleichen zu können, werden sie an der Tafel in einer Tabelle gegenüber gestellt. Außerdem hat dies zum Vorteil, dass die Zuhörer am Ende noch einmal das wichtigste wiederholen müssen und ihre Aufmerksamkeit während des Vortrags somit gefragt ist.

Um den Schülern noch einmal auch visuell zu verdeutlichen, dass Tiere in kalten Lebensräumen körperlich so gut an die Kälte angepasst sind, dass sie die Mütze nicht brauchen, wird diese am Ende der Stunde von der Folie entfernt.

2.4 Geplanter Unterrichtsverlauf

Phase	Unterrichtsgeschehen	Aktions- bzw. Sozialform	Medien/Materialien
Einstieg	-SuS schauen sich Bild an, auf dem Eisbär mit Mütze bekleidet ist und beschreiben dies. -SuS erkennen, dass Eisbär diese nicht braucht	UG	OHP, Folie
Überleitung	„Weshalb brauchen Tiere in kalten Lebensräumen keine Mütze?" – Fragestellung wird an die Tafel geschrieben	Plenum	Tafel
Erarbeitung	-SuS erarbeiten gruppenteilig die Anpassungsstrategien unterschiedlicher Tiere an extrem kalte Lebensräume. Eine vorgefertigte Folie zur Unterstützung der folgenden Präsentation wird ausgefüllt.	GA	ABs, Heft, Folie
Sicherung I	- Die Gruppen stellen ihr Tier und seine Anpassungen der Klasse vor. Die jeweiligen Anpassungsstrategien werden nach jedem Vortrag an der Tafel in einer Tabelle gesammelt und gegenüber gestellt.	SV, UG	OHP, Folie, ABs
Sicherung II	- Folie vom Anfang wird erneut aufgelegt. Nach einem Gespräch über die Unterrichtsergebnisse wird dem Eisbär die Mütze „ausgezogen" (von der Folie entfernt).	UG	OHP, Folie

3. Literaturverzeichnis

Ministerium für Schule und Weiterbildung des Landes Nordrhein-Westfalen: Kernlehrplan für die Sekundarstufe I Gymnasium/Gesamtschule in Nordrhein-Westfalen. Biologie. Ritterbach Verlag. 2013.

Gropengießer, Harald, Kattmann, Ulrich und Krüger, Dirk: Biologiedidaktik in Übersichten. Aulis Verlag. 2010.

Killermann, Wilhelm, Hiering, Peter und Starosta, Bernhard: Biologieunterricht heute. Eine moderne Fachdidaktik. Auer Verlag. 2011.

4. Anhang

4.1 Einstiegsfolie

Hinweis: Die Mütze ist einzeln ausgeschnitten, sodass sie dem Eisbären „angezogen" bzw. auch wieder entfernt werden kann.

Quelle: pixabay

Der Kaiserpinguin

Kaiserpinguine sind Vögel, deren Gefieder sich im Laufe der Zeit angepasst hat. Sie haben viele kurze Federn, die sich stellenweise überlappen, sodass sich ein dichtes Gefieder bildet. Der Pinguin reibt seine Federn täglich mit einem öligen Sekret ein, welches wasserabweisend ist und so vor der Nässe schützt. Ein durchnässtes Gefieder würde die Tiere zu sehr auskühlen, während das Gefieder trocknet.

Das dichte Gefieder hält den Pinguin außerdem noch warm. Dazu haben Pinguinfedern an ihren Federn zusätzliche Daunen, die Luft einschließen. Diese Luftpolster erwärmen sich durch die Körpertemperatur des Pinguins und isolieren ihn vor der eisigen Kälte, die ihn umgibt.

Unter dem Gefieder hat der Kaiserpinguin eine dicke Fettschicht, die das Tier zusätzlich vor Wärmeverlust schützt. Wie effizient die Anpassungen sind, zeigt sich bei Kaiserpinguinen, die nach Schneestürmen zum großen Teil mit Schnee bedeckt sind. Der Schnee beginnt praktisch nicht zu schmelzen, weil die Temperatur an der Körperoberfläche nur ein wenig über 0 Grad liegt. Der Pinguin verliert nach außen hin also so gut wie keine Wärme.

Pinguine stehen den ganzen Tag auf Eis und trotzdem verlieren sie über die Füße kaum Wärme, da diese bereits kalt sind. Das kommt daher, dass das Blut auf dem Weg in die Füße durch ein Regelsystem abgekühlt wird. Dadurch bleibt die Körperwärme im Pinguin.

Wenn es besonders kalt ist, rücken Pinguine außerdem ganz nah zusammen, um sich in der Gruppe gegenseitig zu wärmen.

Quelle: pixabay

Aufgabe:
1. Lest euch den Text gründlich durch und unterstreicht die wichtigsten Anpassungen des Kaiserpinguins an seinen kalten Lebensraum.

2. Bereitet euch darauf vor, euer Tier und seine besonderen Anpassungen vor der Klasse vorzustellen. Notiert dazu die wichtigsten Punkte auf der vorbereiteten Folie.

Der Eisbär

Ans Überleben in der Kälte ist der Eisbär perfekt angepasst. Sein dichter Pelz mit der darunter liegenden, fast zehn Zentimeter dicken Fettschicht hält ihn auch bei Temperaturen unter minus 50 Grad Celsius warm.

Um sich im ewigen Eis besser an ihre Beute anschleichen zu können, haben Eisbären ein helles Fell. Dennoch können sie einfallendes Sonnenlicht gut in Wärmeenergie umwandeln. Ihre hohlen, durchsichtigen Haare leiten die Wärme auf eine tiefschwarze Haut, welche die Wärme gut aufnimmt.

Zwischen den Zehen befinden sich Schwimmhäute und die Sohlen sind fast ganzflächig behaart. So wirken sie wie Schneeschuhe und schützen gleichzeitig gegen die Kälte.

Der Eisbärpelz wärmt und lässt auch keine Körperwärme nach außen. Strengt sich ein Eisbär an, rennt oder kämpft er, muss er hecheln wie ein Hund, um über seine gut durchblutete Zunge etwas Wärme an die Umwelt abzugeben. Eisbären bewegen sich aus diesem Grund meist eher langsam. Im Wasser gibt es kein Körperteil, über das Wärme verloren geht – solange die Zunge im Mund bleibt.

Aufgabe:
1. Lest euch den Text gründlich durch und unterstreicht die wichtigsten Anpassungen des Eisbärs an seinen kalten Lebensraum.

2. Bereitet euch darauf vor, euer Tier und seine besonderen Anpassungen vor der Klasse vorzustellen. Notiert dazu die wichtigsten Punkte auf der vorbereiteten Folie.

Wale im Polarmeer

Kaltes Wasser entzieht dem Körper wesentlich mehr Wärme als Luft. Wale müssen aber, wie die meisten anderen Säugetiere, eine konstante Temperatur von 36 bis 37 Grad Celsius halten, da sonst das Herz-Kreislauf-System versagt. Zur Wärmeisolation haben sich die großen, die Polargebiete durchstreifenden Wale eine bis zu 50 Zentimeter dicke Speckschicht zugelegt, den so genannten Blubber. Er dient auch als Energiereserve.

Die jungen Kälber vieler großer Wale verfügen nicht über einen solchen Kälteschutz. Sie würden im eisigen Wasser schnell zugrunde gehen. Deshalb legen die Wale ihre Paarung und ihre Kinderstube lieber in wärmere Gewässer und ziehen nur in die Polarregionen, um sich ein dickes Speckpolster anzufressen.

Um sich an den Wechsel zwischen warmen und kalten Gewässern anzupassen, besitzen Wale ausgeklügelte Temperaturregulations-Mechanismen. Damit sie in warmen, tropischen Gewässern nicht überhitzen, durchbluten sie verstärkt ihre Außenhaut und halten den Temperaturunterschied zwischen innerer und äußerer Umgebung klein. In den eiskalten Polarmeeren beschränken sie den Blutfluss dagegen auf das Körperinnere, um möglichst wenig Wärmeenergie zu verlieren.

Aufgabe:
1. Lest euch den Text gründlich durch und unterstreicht die wichtigsten Anpassungen des Wals an seinen kalten Lebensraum.

2. Bereitet euch darauf vor, euer Tier und seine besonderen Anpassungen vor der Klasse vorzustellen. Notiert dazu die wichtigsten Punkte auf der vorbereiteten Folie.

Der Polarfuchs

Der Polarfuchs oder Eisfuchs ist eine Fuchsart, die in der nördlichen Polarregion beheimatet ist. Als Anpassung an die Kälte sind beim Polarfuchs die herausragenden Körperteile, wie Beine, Ohren, Rute und Schnauze verkürzt. Sodass sie wenig Körperwärme abstrahlen können. Kleine Körperteile laufen außerdem weniger Gefahr zu erfrieren.

Die Wärmedämmung wird durch ein sehr dichtes Fell und eine Fettschicht zusätzlich erhöht. Er hat das wärmste Fell aller Säugetiere, wärmer sogar noch als das des Polarbären. Experimentell wurde ermittelt, dass der Polarfuchs Temperaturen von bis zu -80 °C überleben kann. Dies kommt vor allem durch die besonders dichte Unterwolle zu Stande.

Der Polarfuchs ist der einzige Wildhund, der die Farbe seines Pelzes den Jahreszeiten entsprechend wechselt. Im Sommer sind Kopf, Rücken, Schwanz und Beine braun, die Flanken und der Bauch hellbeige behaart.

Bis zum Herbst kann sich durch Fetteinlagerung das Gewicht bis um 50 Prozent erhöhen, zum einen zur Isolation, zum anderen als Energiereserve.

Aufgabe:
1. Lest euch den Text gründlich durch und unterstreicht die wichtigsten Anpassungen des Polarfuchses an seinen kalten Lebensraum.

2. Bereitet euch darauf vor, euer Tier und seine besonderen Anpassungen vor der Klasse vorzustellen. Notiert dazu die wichtigsten Punkte auf der vorbereiteten Folie.

Quelle: pixabay

13

Bonusaufgaben für ganz schnelle:

1. Tiere in kalten Regionen sind an ihre Umgebung ganz speziell angepasst. Vergleiche die Anpassung des Tieres deiner Gruppe mit den Anpassungen der Tiere in extrem heißen Temperaturen.

2. Wie schützt sich der Mensch vor extremer Kälte? Kannst du Unterschiede oder Gemeinsamkeiten zu den Tieren entdecken?

4.3 Vortragsfolien

Die Folien sind für alle Gruppen jeweils gleich aufgebaut. Sie unterscheiden sich nur in einem Bild zu der jeweiligen Tierart. Exemplarisch deshalb hier nur die Folie für die Gruppe Polarfuchs:

Der Polarfuchs

Anpassungen des Polarfuchses an den kalten Lebensraum

- _____

- _____

- _____

_____

Sonstiges:

_____

_____

_____

15

4.4 antizipiertes Tafelbild

Warum brauchen Tiere in kalten Lebensräumen keine Mütze?

Tier	Anpassung an die Kälte
Wal	- dicke Fettschicht („Blubber") - ziehen zur Aufzucht von jungen in wärmere Regionen ➢ Temperaturregulationsmechanismen
Kaiserpinguin	- Dichtes, öliges Gefieder, das wasserabweisend ist und warm hält. - Dicke Fettschicht - Blut in Füßen abgekühlt- keine Wärme geht verloren - enges Zusammenrücken, um sich zu wärmen
Polarfuchs	- kurze Körperanhänge - dichtes Fell - dicke Fettschicht
Eisbär	- dichtes Fell mit hohlen Haaren, die Wärme leiten - dicke Fettschicht - schwarze Haut nimmt Wärme auf - behaarte Sohlen